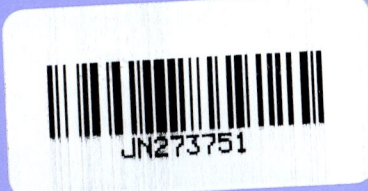

科学のアルバム

かがやくいのち

ツバメ

春《はる》にくる渡《わた》り鳥《どり》

亀田龍吉

監修／西海 功

あかね書房

科学のアルバム かがやくいのち

ツバメ 春《はる》にくる渡《わた》り鳥《とり》 もくじ

亀田龍吉《かめだりゅうきち》

自然写真家《しぜんしゃしんか》。1953年《ねん》、千葉県館山市生《ちばけんたてやましう》まれ。東海《とうかい》大学文学部史学科卒業《だいがくぶんがくぶしがくかそつぎょう》。人間《にんげん》もふくめたすべての自然《しぜん》のかかわりあいに興味《きょうみ》をもち、「庭先《にわさき》から大自然《だいしぜん》まで」をモットーに撮影《さつえい》をつづけている。おもな著書《ちょしょ》に、『バードウォッチングを楽《たの》しむ本《ほん》』（学習研究社《がくしゅうけんきゅうしゃ》）、『フィールドガイド・都会《とかい》の生物《せいぶつ》』『花《はな》と葉《は》で見《み》わける野草《やそう》』（小学館《しょうがくかん》）、『香《かお》りの植物《しょくぶつ》』『ヤマケイポケットガイド・ハーブ』『森《もり》の休日《きゅうじつ》・調《しら》べて楽《たの》しむ葉《は》っぱ博物館《はくぶつかん》』『町《まち》の休日《きゅうじつ》・歩《ある》いて楽《たの》しむ街路樹《がいろじゅ》の散歩道《さんぽみち》』（山《やま》と渓谷社《けいこくしゃ》）、『ここにいるよ』（世界文化社《せかいぶんかしゃ》）、科学《かがく》のアルバムかがやくいのち『ゴーヤ　ツルレイシの成長《せいちょう》』（あかね書房《しょぼう》）などがある。

●

ツバメは人々《ひとびと》のくらしととても関《かか》わりの深《ふか》い野鳥《やちょう》です。人家《じんか》ののき先《さき》や商店《しょうてん》の入《い》り口《ぐち》などに巣《す》をつくるだけでなく、田《た》んぼや畑《はたけ》の上《うえ》を飛《と》んでは、作物《さくもつ》の害虫《がいちゅう》などをたべてくれるため、昔《むかし》から益鳥《えきちょう》として親《した》しまれてきました。ツバメの方《ほう》も、人々《ひとびと》が危害《きがい》をくわえないことを知《し》っていて、人通《ひとどお》りの多《おお》い場所《ばしょ》に好《この》んで巣《す》をつくるようになりました。人通《ひとどお》りがあるとほかの外敵《がいてき》が近《ちか》づきにくいからです。このように、人《ひと》とツバメはもちつもたれつのよい関係《かんけい》を築《きず》いてきたのです。営巣《えいそう》や子育《こそだ》てのようすをこれだけ近《ちか》くでみられる野鳥《やちょう》は、ツバメ以外《いがい》にあまりいません。ぜひ、ツバメの夫婦《ふうふ》のきずな、子育《こそだ》ての一生懸命《いっしょうけんめい》さ、ヒナたちの可愛《かわい》らしさなどを、自分《じぶん》の目《め》で確《たし》かめてみてください。きっと、命《いのち》の素晴《すば》らしさの一端《いったん》に触《ふ》れることができるはずです。

西海《にしうみ》 功《いさお》

1967年《ねん》、兵庫県生《ひょうごけんう》まれ。大阪市立大学理学研究科《おおさかしりつだいがくりがくけんきゅうか》博士課程中退《はくしかていちゅうたい》。博士《はくし》（理学《りがく》）京都大学《きょうとだいがく》。専門《せんもん》は鳥類《ちょうるい》の繁殖生態学《はんしょくせいたいがく》と系統地理学《けいとうちりがく》。共著《きょうちょ》に『鳥《とり》の自然史《しぜんし》』（北海道大学出版会《ほっかいどうだいがくしゅっぱんかい》）、『日本列島《にほんれっとう》の自然史《しぜんし》』（東海大《とうかいだい》学出版会《がくしゅっぱんかい》）など。日本鳥学会副会長《にほんとりがっかいふくかいちょう》。国立科学博物《こくりつかがくはくぶつ》館動物研究部研究主幹《かんどうぶつけんきゅうぶけんきゅうしゅかん》、（兼《けん》）九州大学大学院比較社《きゅうしゅうだいがくだいがくいんひかくしゃ》会文化学府客員准教授《かいぶんかがくふきゃくいんじゅんきょうじゅ》。

●

ツバメが巣《す》をかけると、「家《いえ》が繁盛《はんじょう》する」とか「火事《かじ》にあわない」ということわざがあります。「繁盛《はんじょう》する」のは、ツバメが人《ひと》の出入《ではい》りが多《おお》く捕食者《ほしょくしゃ》が近《ちか》づきにくい家《いえ》をえらんで巣《す》をかけるためで、「火事《かじ》にあわない」のは、巣材《すざい》のどろがかわいて巣《す》が落《お》ちてしまわないような、乾燥《かんそう》しておらず火事《かじ》にあいにくい家《いえ》に巣《す》をかけることからきています。ツバメは昔《むかし》からよく人《ひと》に観察《かんさつ》され、見守《みまも》られてきたことがわかります。私《わたし》が子《こ》どものころに最初《さいしょ》に興味《きょうみ》をもった野鳥《やちょう》もツバメでした。私《わたし》が住《す》んでいた団地《だんち》に巣《す》を作《つく》って子《こ》育《そだ》てをしていました。最近《さいきん》はふんが落《お》ちるのをきらってツバメの巣《す》を敬遠《けいえん》する方《かた》も増《ふ》えていると聞《き》きますが、できることなら、観察《かんさつ》しながら大事《だいじ》に見守《みまも》ってあげてほしいです。

第《だい》1章《しょう》 ツバメがやってきた

春《はる》になり、田《た》んぼに水《みず》が入《い》れられるころ、田《た》んぼや家《いえ》のまわりを元気《げんき》よく飛《と》びまわる小《ちい》さな黒《くろ》い鳥《とり》のすがたがみられるようになります。ツバメです。日本《にほん》よりも暖《あたた》かい地域《ちいき》で冬《ふゆ》をこし、春《はる》になって日本《にほん》にやってきたのです。何千《なんぜん》キロメートルもの長《なが》い旅《たび》のつかれをとるひまもなく、ツバメたちは巣《す》をつくり、子育《こそだ》ての準備《じゅんび》にとりかかります。

■田《た》んぼの上《うえ》を飛《と》ぶツバメ。水《みず》が入《い》れられた田《た》んぼで、虫《むし》をたべ、巣《す》の材料《ざいりょう》をあつめます。

■前《まえ》の年《とし》に使《つか》った巣《す》のそばにやってきたツバメのオス。巣《す》のそばで、つがいの相手《あいて》のメスがもどってくるのを待《ま》ちます。

先《さき》に渡《わた》ってくるのはオス

春《はる》、家《いえ》ののき先《さき》に、ツバメがやってきました。ツバメは、春《はる》に東南《とうなん》アジアから日本《にほん》に渡《わた》ってきて子育《こそだ》てをし、秋《あき》に東南《とうなん》アジアに帰《かえ》っていく渡《わた》り鳥《どり》です。昔《むかし》から、暖《あたた》かい春《はる》が来《き》た目印《めじるし》になる鳥《とり》として、よく知《し》られています。

あらわれたのは、尾羽《おばね》が長《なが》くのびたおとなのオスです。前《まえ》の年《とし》に子育《こそだ》てをしたオスは、使《つか》った巣《す》の近《ちか》くにもどってきます。巣《す》づくりに適《てき》した場所《ばしょ》を、ほかのオスにとられないように守《まも》るためです。

ツバメでは、つがいの相性《あいしょう》がよいと、何年《なんねん》も同《おな》じオスとメスがつがいになって子育《こそだ》てをします。オスとメスは、自分《じぶん》たちが使《つか》った巣《す》の場所《ばしょ》をおぼえていて、巣《す》があった場所《ばしょ》にもどってくるのです。先《さき》にオスがもどってきて、あとからやってくるメスを待《ま》ちます。

◀人家《じんか》の屋根《やね》にとまってメスを待《ま》つオス。前《まえ》の年《とし》に使《つか》った巣《す》がのこっていると、オスは巣《す》の近《ちか》くでメスを待《ま》ちます。巣《す》がこわれてなくなっているときも、その場所《ばしょ》でメスを待《ま》ちます。ときには、近《ちか》くをさがして、持《も》ち主《ぬし》がもどってきていない巣《す》を自分《じぶん》のものにすることもあります。

▼巣《す》があったスピーカーの上《うえ》でメスを待《ま》つオス。おとなのオスが最初《さいしょ》にすがたをあらわし、つづいておとなのメスがやってきます。前《まえ》の年《とし》に生《う》まれた若《わか》いオスとメスは、生《う》まれた巣《す》にはもどらず、まわりの広《ひろ》い範囲《はんい》にちらばります。日本《にほん》に渡《わた》ってくる時期《じき》も、おとなのツバメにくらべると、数週間《すうしゅうかん》おそくなるようです。

■なかよく電線《でんせん》にとまっているオス（左《ひだり》）とメス（右《みぎ》）。オスはメスにくらべて尾羽《おばね》（矢印《やじるし》）が長《なが》くのびています。若《わか》いオスにくらべると、おとなのオスの方《ほう》が尾羽《おばね》が長《なが》くてりっぱです。

なかよしのオスとメス

オスがやってきた数日後《すうじつご》、メスがあらわれました。オスは、やってきたメスの近《ちか》くで、さかんにさえずります。さえずりは、オスがメスの気《き》をひくための鳴《な》き方《かた》で、ツバメでは「ビチュビチュビチュジューイ」と聞《き》こえます。

オスとメスは、すぐにうちとけてなかよくなり、巣《す》をつくりはじめます。このようにいっしょに行動《こうどう》し、繁殖《はんしょく》するオスとメスを、「つがい」といいます。

ツバメでは、前《まえ》の年《とし》に子育《こそだ》てがうまくいくと、つぎの年《とし》も同《おな》じ相手《あいて》とつがいになることが多《おお》いのです。逆《ぎゃく》に、相性《あいしょう》がわるく子育《こそだ》てがうまくいかなかったときは、新《あたら》しい相手《あいて》をえらびます。

つがいになると、オスとメスは巣《す》をつくりはじめ、数日《すうじつ》すると、子《こ》をのこすために交尾《こうび》をするようになります。

■電線《でんせん》の上《うえ》で交尾《こうび》をするツバメ。オスがメスの背中《せなか》に一瞬《いっしゅん》乗《の》り、すぐにはなれます。巣《す》をつくっている期間《きかん》、1日《にち》に何回《なんかい》も交尾《こうび》をします。

巣《す》づくりがはじまった

つがいになったツバメは、巣《す》づくりをはじめます。前《まえ》の年《とし》に使《つか》った巣《す》は、あちこちがこわれてぼろぼろですが、修理《しゅうり》してまた使《つか》うようです。巣《す》が完全《かんぜん》にこわれてなくなった場合《ばあい》には、あたらしい巣《す》をつくります。また、前《まえ》の年《とし》に生《う》まれたツバメは、持《も》ち主《ぬし》がいない巣《す》を修理《しゅうり》して使《つか》ったり、ほかのツバメの巣《す》がない場所《ばしょ》にあたらしく巣《す》をつくります。

ツバメが巣《す》をつくるのは、人間《にんげん》がすんでいる場所《ばしょ》の近《ちか》くです。家《いえ》ののき下《した》やガレージの中《なか》、駅《えき》や派出《はしゅつ》所《じょ》、コンビニエンスストアーなど、卵《たまご》やひなを育《そだ》てるのに適《てき》した、さまざまな場所《ばしょ》を利用《りよう》します。人間《にんげん》の近《ちか》くにいると、カラスなどの敵《てき》におそわれにくくなるためです。

▶つがいになったメス（左《ひだり》）といっしょに飛《と》ぶオス（右《みぎ》）。つがいになると、すぐに巣《す》をつくりはじめます。２羽《わ》で協力《きょうりょく》して、巣《す》の材料《ざいりょう》をあつめます。

▲ツバメの巣《す》。かべや柱《はしら》、台《だい》になるようなものの上《うえ》につくられ、おわんのような形《かたち》で、はばが10～15センチメートルほどあります。

いろいろな形《かたち》があるツバメの巣《す》

つくる場所《ばしょ》にあわせて、いろいろな巣《す》の形《かたち》になります。

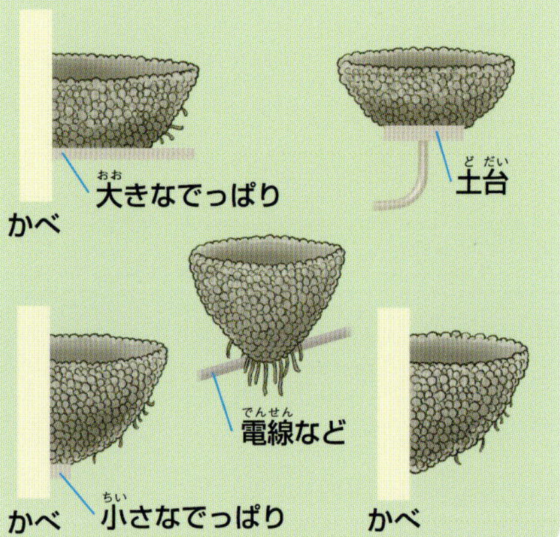

△こわれかけた古《ふる》い巣《す》にもどってきたオス（右《みぎ》）とメス（左《ひだり》）。古《ふる》い巣《す》を修理《しゅうり》して使《つか》います。

△数年《すうねん》つづけて利用《りよう》している巣《す》は、修理《しゅうり》するたびにどろやかれ草《くさ》がつぎたされ、つぼのような形《かたち》の巣《す》になっています。

巣《す》の材料《ざいりょう》をあつめる

ツバメはくちばしを使《つか》って、つばをまぜたどろにわらなどのかれ草《くさ》をからませるようにして、巣《す》をつくります。前《まえ》の年《とし》の巣《す》がのこっているときは、その上《うえ》にぬりかさねるようにしますが、新《あたら》しくつくるときは、まずかべや土台《どだい》になる部分《ぶぶん》に、どろをぬりつけます。

ツバメが巣《す》をつくる時期《じき》は、ちょうど田《た》んぼに水《みず》が入《い》れられるころで、田《た》んぼに行《い》けばどろをかんたんに手《て》に入《い》れることができます。近《ちか》くに田《た》んぼがない場合《ばあい》は、河原《かわら》やぬまの岸《きし》などからどろをくわえてはこびます。

くちばしが小《ちい》さいので、一度《いちど》にはこべる材料《ざいりょう》は、ほんのわずかです。オスとメスは、何度《なんど》も巣《す》と田《た》んぼを往復《おうふく》します。

△巣《す》の場所《ばしょ》に決《き》めた場所《ばしょ》に、はこんできたどろをぬりつけます。しっかりぬらないと、つくった巣《す》がおちてしまうので、とてもたいせつな作業《さぎょう》です。

△水《みず》が入《はい》った田《た》んぼにどろを手《て》に入《い》れにきたツバメ。歩《ある》くのがじょうずではないので、ふだんは地上《ちじょう》にはほとんどおりませんが、巣《す》の材料《ざいりょう》を手《て》に入《い》れるときには、きけんをかえりみずに地面《じめん》におります。

◁かれ草《くさ》をくわえて飛《と》ぶツバメ。かれ草《くさ》は軽《かる》いのではこぶのは楽《らく》ですが、一度《いちど》にたくさんはこべないので、何度《なんど》もあつめて巣《す》にはこばなければなりません。

防犯《ぼうはん》カメラの上《うえ》に巣《す》をつくる親鳥《おやどり》。古《ふる》い巣《す》は落《お》ちてしまってほとんどのこっておらず、土《ど》台《だい》をつくるところから巣《す》づくりをはじめています。

新《あたら》しい巣《す》ができるまで

おとなのツバメは、新《あたら》しく巣《す》をつくるより前《まえ》の年《とし》に使《つか》った巣《す》を修理《しゅうり》して使《つか》うことが多《おお》いようです。前《まえ》の年《とし》の巣《す》を直《なお》して使《つか》うときには、のこっている巣《す》の状態《じょうたい》にもよりますが、数日《すうじつ》で巣《す》が直《なお》ります。でも、まったく新《あたら》しくつくる場合《ばあい》には、もう少《すこ》し日数《にっすう》がかかります。

それにくらべ、前《まえ》の年《とし》に生《う》まれた若《わか》いツバメたちは、自分《じぶん》の巣《す》をもっていません。ほとんどが新《あたら》しく巣《す》をつくらなければなりません。新《あたら》しい巣《す》をつくる場合《ばあい》は、外側《そとがわ》をつくるのに１週間《しゅうかん》ほど、さらに巣《す》の内側《うちがわ》にわらをしきつめてやわらかい羽《う》毛《もう》でおおうのに、２日《ふつか》〜３日《みっか》くらいかかります。外側《そとがわ》をつくるときはオスとメスが協力《きょうりょく》しておこないますが、内側《うちがわ》のしあげをするときは、ほとんどメスだけで作《さ》業《ぎょう》します。

新《あたら》しい巣《す》ができていく……

天井《てんじょう》の近《ちか》くの垂直《すいちょく》なかべに巣《す》をつくりはじめました。くわえてきたどろをつばとまぜあわせ、かべにぬっていきます。

あしのつめをざらざらしたかべに引《ひ》っかけてとまり、尾羽《おばね》を広《ひろ》げて体《からだ》をささえます。

2日目《ふつかめ》には、かれ草《くさ》をまぜてからませ、巣《す》の土台《どだい》をかためて強《つよ》くしていきます。

4日目《よっかめ》の巣《す》。オスとメスが何回《なんかい》も巣《す》の材料《ざいりょう》をはこんできてつぎたしていき、巣《す》がどんどん大《おお》きくなっていきます。

おわんのような形《かたち》の巣《す》がだんだんできてきました。下《した》の色《いろ》がうすい部分《ぶぶん》は、どろがかわいてかたまっています。

6日目《むいかめ》の巣《す》。外側《そとがわ》がほとんどできあがりました。ここからは、メスが羽毛《うもう》をしいたりして、内側《うちがわ》をしあげていきます。

メスを守《まも》るたたかい

メスが巣《す》の内側《うちがわ》をせっせとしあげているあいだ、オスは巣《す》の近《ちか》くにとまって、「チュピ、チュピ」とか「チィー」と、するどく鳴《な》いています。巣《す》がおそわれないように、みはっているのです。

この時期《じき》にいちばん気《き》をつけなければいけないのは、ツバメと同《おな》じように人間《にんげん》がくらしている場所《ばしょ》に巣《す》をつくるスズメです。最近《さいきん》は、建築方法《けんちくほうほう》が変化《へんか》して巣《す》をつくるのに適《てき》した家《いえ》がへってきたため、ツバメの巣《す》をのっとろうとすきをねらっているスズメがふえているのです。さら

に、つがいの相手《あいて》がいないツバメのオスにも注意《ちゅうい》しなければなりません。メスをうばって、つがいになろうとやってくるからです。

このような敵《てき》があらわれると、オスははげしく鳴《な》きながら飛《と》びまわり、体当《たいあ》たりをしたりして、巣《す》の近《ちか》くから敵《てき》を追《お》いはらいます。ときには、敵《てき》ともつれあうように地面《じめん》におりて、たたかうこともあります。

巣《す》をつくっているメスと、巣《す》の近《ちか》くにとまって、敵《てき》が近《ちか》づかないようにみはっているオス。

第《だい》2章《しょう》 いろいろな渡《わた》り鳥《どり》

日本《にほん》には、300種類《しゅるい》以上《いじょう》の渡《わた》り鳥《どり》がやってきます。ツバメと同《おな》じように春《はる》に日本《にほん》にくるものもいれば、オオハクチョウのように秋《あき》に日本《にほん》にやってくるものもいます。また、渡《わた》りのとちゅうに日本《にほん》に立《た》ち寄《よ》る渡《わた》り鳥《どり》もいます。日本《にほん》にくるいろいろな渡《わた》り鳥《どり》のくらしをみてみましょう。

■枝《えだ》の上《うえ》にいるキビタキのオス。ツバメと同《おな》じように、春《はる》に東南《とうなん》アジアから日本全国《にほんぜんこく》の山《やま》や丘《おか》に渡《わた》ってきて繁殖《はんしょく》する渡《わた》り鳥《どり》です。

フィリピンのミンダナオ島《とう》サント・トーマスの町《まち》の中《なか》の電柱《でんちゅう》をねぐらにしているツバメ。日本《にほん》で繁殖《はんしょく》するツバメと、シベリアなどで繁殖《はんしょく》する亜《あ》種《しゅ》のアカハラツバメがまじっているようです。

東南《とうなん》アジアで冬《ふゆ》をこす

春《はる》に日本《にほん》にやってきたツバメは、秋《あき》になると南《みなみ》へ渡《わた》っていきます。このツバメたちは、いったいどこへ渡《わた》っていくのでしょう。いろいろな調査《ちょうさ》の結果《けっか》、日本《にほん》のツバメたちは、沖縄《おきなわ》や台湾《たいわん》を通《とお》り、フィリピンやベトナム、マレーシア、インドネシアなどへ渡《わた》り、冬《ふゆ》をすごしているようです。

ツバメとはぎゃくに、春《はる》から夏《なつ》に日本《にほん》より北《きた》のすずしい場所《ばしょ》で繁殖《はんしょく》し、冬《ふゆ》になると日本《にほん》に渡《わた》ってくるオオハクチョウのような渡《わた》り鳥《どり》もいます。

このような渡《わた》り鳥《どり》は、冬《ふゆ》のあいだ、気《き》温《おん》が低《ひく》くなって食《た》べ物《もの》が少《すく》なくなるため、気候《きこう》がおだやかで食《た》べ物《もの》が多《おお》い地域《ちいき》に移《い》動《どう》するようになったと考《かんが》えられています。

日本《にほん》で繁殖《はんしょく》するツバメの渡《わた》りの道《みち》すじ

沖縄《おきなわ》から一部《いちぶ》は中国南東部《ちゅうごくなんとうぶ》へ、多《おお》くは台湾《たいわん》やフィリピン、マレーシアやインドネシア、ベトナムへと渡《わた》っていくようです。春《はる》に渡《わた》ってくるときは、１日《にち》に20～30kmも移動《いどう》するようです。また、これらのツバメとは別《べつ》に、春《はる》から夏《なつ》にシベリアなどで繁殖《はんしょく》するツバメ（アカハラツバメ）のごく一部《いちぶ》が、冬《ふゆ》に日本《にほん》に渡《わた》ってきて春《はる》まで日本《にほん》で冬《ふゆ》ごししています。

日本《にほん》に来《く》るオオハクチョウの繁殖地《はんしょくち》と渡《わた》りの道《みち》すじ

△日本《にほん》で冬《ふゆ》をすごしているオオハクチョウ。左《ひだり》の図《ず》のように、シベリアの東部《とうぶ》で夏《なつ》に繁殖《はんしょく》し、秋《あき》のおわりに南《みなみ》に移動《いどう》してサハリンを通《とお》って日本《にほん》にやってきます。

春《はる》に日本《にほん》にくる鳥《とり》

ツバメのように、春《はる》に日本《にほん》にやってきて卵《たまご》を産《う》んで子育《こそだ》てをし、秋《あき》になると冬《ふゆ》をこすために暖《あたた》かい地域《ちいき》に移動《いどう》していく渡《わた》り鳥《どり》を、夏鳥《なつどり》といいます。日本《にほん》には毎《まい》年《とし》、100種類《しゅるい》以《い》上《じょう》の夏鳥《なつどり》がやってきます。代表的《だいひょうてき》な夏鳥《なつどり》には、キビタキやオオルリ、オオヨシキリなどの野山《のやま》にすむ小《こ》鳥《とり》や、コアジサシような水辺《みずべ》の鳥《とり》、アマサギやアオバズクなどの中《ちゅう》・大型《おおがた》の鳥《とり》などがいます。

春《はる》から夏《なつ》にかけては、ひなのえさになる生物《せいぶつ》がふえる時期《じき》です。さらに、草《くさ》や木《き》が生《お》いしげるので、巣《す》がみつかりにくくなります。ですから、日本《にほん》の春《はる》から夏《なつ》は、夏鳥《なつどり》たちにとっては子育《こそだ》てに適《てき》した季節《きせつ》なのです。

■コアジサシ。本州《ほんしゅう》から沖縄《おきなわ》の海辺《うみべ》や河原《かわら》にすみ、地面《じめん》にあさいあなをほった巣《す》をつくって子育《こそだ》てをします。

▲オオルリ。北海道《ほっかいどう》から九州《きゅうしゅう》の山地《さんち》などの林《はやし》にすむ小鳥《ことり》で、がけなどに巣《す》をつくって子育《こそだ》てをします。

▲オオヨシキリ。沖縄《おきなわ》をのぞく全国各地《ぜんこくかくち》の河原《かわら》などで、アシなどの茎《くき》に巣《す》をつくって子育《こそだ》てをします。

▽アオバズク。全国《ぜんこく》の林《はやし》や、公園《こうえん》や神社《じんじゃ》などの木立《こだ》ちなどでみられ、木《き》のみきにあいたあななどの中《なか》に巣《す》をつくって子育《こそだ》てをします。

△ノゴマ。北海道《ほっかいどう》の草原《そうげん》や牧場《ぼくじょう》のまわりなどで、地上《ちじょう》のくぼみに巣《す》をつくって子育《こそだ》てをします。

△ノビタキ。北海道《ほっかいどう》と本州《ほんしゅう》の中部《ちゅうぶ》より北《きた》の地域《ちいき》の平地《へいち》で、草《くさ》むらの地面《じめん》のくぼみなどに巣《す》をつくって子育《こそだ》てをします。

■河口近《かこうちか》くの浅瀬《あさせ》にいるスズガモのむれ。日本各地《にほんかくち》に渡《わた》ってくる冬鳥《ふゆどり》で、波静《なみしず》かな海辺《うみべ》で大《おお》きなむれがみられます。内陸部《ないりくぶ》の水辺《みずべ》では、マガモやコガモとともに、オナガガモ（円内《えんない》）などの冬鳥《ふゆどり》のすがたがよくみられます。

秋《あき》に日本《にほん》にやってくる鳥《とり》

ツバメとはぎゃくに、オオハクチョウのように、秋《あき》になると日本《にほん》にやってくる渡《わた》り鳥《どり》もいます。春《はる》から夏《なつ》に日本《にほん》よりすずしい地域《ちいき》で卵《たまご》を産《う》んで子育《こそだ》てし、寒《さむ》さがきびしくなると日本《にほん》にやってきて、冬《ふゆ》をすごす渡《わた》り鳥《どり》です。このような渡《わた》り鳥《どり》を冬鳥《ふゆどり》といいます。

日本《にほん》にやってくる冬鳥《ふゆどり》は、100種類《しゅるい》以上《いじょう》います。おもに中国《ちゅうごく》の北部《ほくぶ》やシベリアからやってきますが、なかにはアラスカからやってくる冬鳥《ふゆどり》もいます。

代表的《だいひょうてき》な冬鳥《ふゆどり》には、コガモやオナガガモなど、いろいろなカモのなかまがいます。カモメのなかまやツルのなかま、ツグミやジョウビタキなどの小鳥《ことり》も、冬鳥《ふゆどり》としてよく知《し》られています。アトリやキレンジャクのように、年《とし》によって渡《わた》ってくる数《かず》が極端《きょくたん》に変化《へんか》する冬鳥《ふゆどり》もいます。

アトリ。全国《ぜんこく》の田畑《たはた》や野原《のはら》、林《はやし》などでむれになっています。年《とし》によって日本《にほん》に渡《わた》ってくる数《かず》が大《おお》きく変化《へんか》します。

ツグミ。全国《ぜんこく》の田畑《たはた》や河原《かわら》、林《はやし》などの地面《じめん》でみられます。秋《あき》はむれになっていますが、冬《ふゆ》には数羽《すうわ》でいることが多《おお》いです。

ジョウビタキのオス。全国《ぜんこく》の公園《こうえん》や田畑《たはた》、雑木林《ぞうきばやし》などでみられます。メスは腹《はら》が白《しろ》く、全体《ぜんたい》がうす茶色《ちゃいろ》です。

キレンジャク。全国《ぜんこく》の公園《こうえん》や雑木林《ぞうきばやし》などで、数羽《すうわ》でみられます。年《とし》によって日本《にほん》に渡《わた》ってくる数《かず》が大《おお》きく変化《へんか》します。

タゲリ。本州《ほんしゅう》、四国《しこく》、九州《きゅうしゅう》の田《た》んぼや湿地《しっち》で、数羽《すうわ》から十《じゅう》数羽《すうわ》のむれでみられます。

ユリカモメ。全国《ぜんこく》の海辺《うみべ》や川《かわ》ぞいでむれがみられます。4月《がつ》くらいからは、夏羽《なつばね》にかわり、頭《あたま》が黒《くろ》くなります。

アジサシ。春《はる》と秋《あき》に、全国《ぜんこく》の海辺《うみべ》で大《おお》きなむれがみられます。

日本《にほん》を通《とお》っていく鳥《とり》

渡《わた》り鳥《どり》の中《なか》には、渡《わた》りのとちゅうで日《に》本《ほん》に立《た》ち寄《よ》って休《やす》むものもいます。日本《にほん》よりも北《きた》の地域《ちいき》で卵《たまご》を産《う》んで子育《こそだ》てし、日本《にほん》よりも南《みなみ》の地域《ちいき》で冬《ふゆ》をこす鳥《とり》たちで、このような渡《わた》り鳥《どり》を旅鳥《たびどり》といいます。

旅鳥《たびどり》は、春《はる》と秋《あき》にみられるものと、春《はる》に多《おお》くみられるもの、秋《あき》に多《おお》くみられるものがいます。春《はる》と秋《あき》でみられる数《かず》がちがうものは、春《はる》と秋《あき》で渡《わた》りの道《みち》すじがかわる渡《わた》り鳥《どり》です。旅鳥《たびどり》は、夏鳥《なつどり》や冬鳥《ふゆどり》とくらべると、ずっと短《みじか》い期間《きかん》しかみられません。

日本《にほん》でみられる代表的《だいひょうてき》な旅鳥《たびどり》は、シギやチドリのなかまが多《おお》く、田《た》んぼや川岸《かわぎし》、浜辺《はまべ》や干潟《ひがた》などで大《おお》きなむれがみられるものもいます。

ツルシギ。早春《そうしゅん》に、全国《ぜんこく》の水田《すいでん》や川岸《かわぎし》、海辺《うみべ》の湿地《しっち》などでみられます。秋《あき》にはそれほど多《おお》くはみられません。

アカアシシギ。春《はる》と秋《あき》に干潟《ひがた》や湿地《しっち》でまれにみられ、一部《いちぶ》が北海道《ほっかいどう》で繁殖《はんしょく》します。

アオアシシギ。春《はる》と秋《あき》に、各地《かくち》の干潟《ひがた》や湿地《しっち》でみられます。

オオソリハシシギの旅《たび》

オオソリハシシギは、日本《にほん》では夏《なつ》から秋《あき》にかけて多《おお》くみられる旅鳥《たびどり》です。この鳥《とり》は、渡《わた》りの距離《きょり》がとても長《なが》いことで有名《ゆうめい》です。東南《とうなん》アジアやオーストラリア、ニュージーランドで冬《ふゆ》をこし、中国《ちゅうごく》や日本《にほん》を経由《けいゆ》して、初夏《しょか》にアラスカへ渡《わた》って繁殖《はんしょく》し、秋《あき》に越冬地《えっとうち》にもどっていきます。そのため、1年間《ねんかん》に移動《いどう》する距離《きょり》は、約《やく》3万《まん》キロメートルにもなります。これは地球《ちきゅう》を1周《しゅう》する距離《きょり》の3分《ぶん》の2にあたります。

オオソリハシシギ。春《はる》の渡《わた》りの時期《じき》には、夏《なつ》から秋《あき》にくらべあまり数多《かずおお》くはみられません。図《ず》は人工衛星《じんこうえいせい》でおったオオソリハシシギの渡《わた》りの道《みち》すじの一例《いちれい》です。

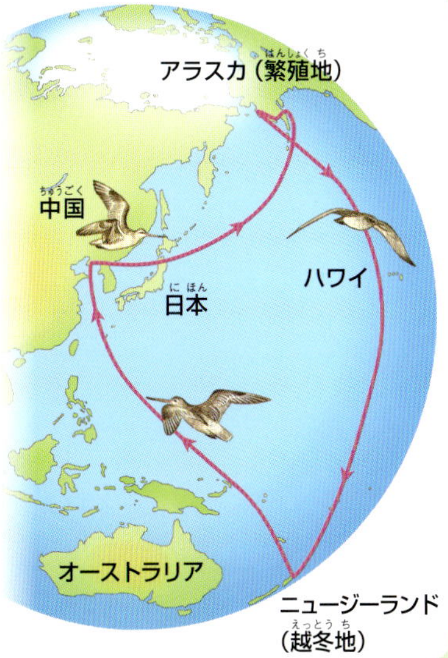

一年中日本《いちねんじゅうにほん》にいる鳥《とり》

渡《わた》り鳥《どり》のように一年《いちねん》のある期間《きかん》しかみられない鳥《とり》だけでなく、一年中日本《いちねんじゅうにほん》にいる鳥《とり》もいます。スズメやキジバト、カラスのなかまやムクドリ、カルガモなどで、人間《にんげん》がくらしている近《ちか》くでも卵《たまご》を産《う》み、子育《こそだ》てをしています。このような鳥《とり》を留《りゅう》鳥《ちょう》といいます。

留鳥《りゅうちょう》といっても、一年中《いちねんじゅう》まったく同《おな》じ場所《ばしょ》にいるものだけではありません。季《き》節《せつ》によって、日本国内《にほんこくない》で短《みじか》い距離《きょり》の移動《いどう》をするものがいます。ウグイスなどは、夏《なつ》はすずしい山《やま》の林《はやし》にいて、冬《ふゆ》になると平地《へいち》におりてきます。また、ヒヨドリなどは、北海道《ほっかいどう》や東北地方《とうほくちほう》で繁殖《はんしょく》した一部《いちぶ》が、秋《あき》に南《みなみ》の地域《ちいき》に移動《いどう》し、春《はる》にふたたびもどってくるのです。

スズメ。代表的《だいひょうてき》な日本《にほん》の留鳥《りゅうちょう》です。若《わか》いスズメは、生《う》まれた場所《ばしょ》から別《べつ》の地域《ちいき》に移動《いどう》していくようです。

メジロ。全国《ぜんこく》の庭《にわ》や公園《こうえん》、雑木林《ぞうきばやし》などでみられます。春《はる》から夏《なつ》は山地《さんち》に多《おお》く、冬《ふゆ》に平地《へいち》に移動《いどう》してきます。

ハシボソガラス。北海道《ほっかいどう》から九州《きゅうしゅう》の畑《はたけ》のまわりなどでみられます。

キジバト。全国《ぜんこく》の公園《こうえん》や平地《へいち》の林《はやし》などでみられます。ドバトににていますが、くびの部分《ぶぶん》にしまもようがあります。

ヒヨドリ。北海道《ほっかいどう》から九州《きゅうしゅう》の公園《こうえん》や雑木林《ぞうきばやし》などでみられます。冬《ふゆ》に南《みなみ》の地域《ちいき》に移動《いどう》するものもいます。

ムクドリ。全国《ぜんこく》の家《いえ》のまわりや公園《こうえん》の芝生《しばふ》、畑《はたけ》などでみられます。冬《ふゆ》に南《みなみ》の地域《ちいき》に移動《いどう》するものもいます。

ハクセキレイ。全国《ぜんこく》の平地《へいち》の水辺《みずべ》などでみられます。北海《ほっかい》道《どう》や東北地方《とうほくちほう》のものは、冬《ふゆ》に南《みなみ》の地域《ちいき》に移動《いどう》します。

カワセミ。全国《ぜんこく》の平地《へいち》から低《ひく》い山地《さんち》の水辺《みずべ》でみられます。北海道《ほっかいどう》のものは、冬《ふゆ》に南《みなみ》の地域《ちいき》に移動《いどう》します。

カルガモ。全国《ぜんこく》の平地《へいち》の水辺《みずべ》でみられます。北海道《ほっかいどう》のものは、冬《ふゆ》に南《みなみ》の地域《ちいき》に移動《いどう》します。

第《だい》3章《しょう》　ツバメの子育《こそだ》て

卵《たまご》を温《あたた》めだしてから2週間《しゅうかん》ほどすると、ひなたちが卵《たまご》からかえり、本格的《ほんかくてき》な子育《こそだ》てがはじまります。食《た》べざかりのひなにえさをはこぶため、親鳥《おやどり》は大《おお》いそがしです。親鳥《おやどり》がえさをくわえて巣《す》にもどってくると、ひなたちは大《おお》きな口《くち》を開《あ》けてえさをねだります。

■えさをはこんできた親鳥《おやどり》にむかって、大《おお》きく口《くち》を開《あ》けてえさをねだるひなたち。

卵《たまご》をだいて温《あたた》めるメス。メスは卵《たまご》を温《あたた》める時期《じき》になると、腹《はら》の部分《ぶぶん》の羽毛《うもう》がぬけ、皮《ひ》膚《ふ》がむきだしになります（上《うえ》の円内《えんない》）。体温《たいおん》を卵《たまご》につたえやすくするための変化《へんか》ですが、オスではこの変化《へんか》はおこりません。

卵《たまご》を産《う》んだ

巣《す》ができあがると、メスは巣《す》の中《なか》でうずくまり、じっとしているようになります。そして、夜《よる》が明《あ》けて明《あか》るくなるころ、卵《たまご》を１個《こ》産《う》みます。でも、まだ卵《たまご》を温《あたた》めません。メスは、毎日《まいにち》１個《こ》ずつ、３〜７個《こ》の卵《たまご》を産《う》んでいきます。すべての卵《たまご》を産《う》みおえると、メスは上《うえ》からつつむように卵《たまご》をだき、温《あたた》めはじめます。

卵《たまご》をだいて温《あたた》めるのは、メスとオスが交互《こうご》におこないますが、ふつうはメスの方《ほう》が長《なが》い時間温《じかんあたた》めます。はじめのうちは、１日《にち》のうちわずかな時間《じかん》しか温《あたた》めませんが、日《ひ》がたつにつれて、巣《す》にいて卵《たまご》をだいて温《あたた》める時間《じかん》が長《なが》くなっていきます。

巣《す》の中《なか》のツバメの卵《たまご》。長《なが》い方《ほう》が２㎝、短《みじか》い方《ほう》が 1.3㎝ほどの長《なが》さです。からにある赤茶色《あかちゃいろ》のまだら模様《もよう》は、卵《たまご》ごとにちがっています。

△もどってきたメスと交代《こうたい》して巣《す》から飛《と》びたっていくオス。なかには、まったく卵《たまご》を温《あたた》めないオスもいますが、そのようなつがいでは、卵《たまご》がかえる割合《わりあい》がかなり低《ひく》くなるようです。

△夜《よる》のあいだは、おもにメスが巣《す》にいて卵《たまご》を温《あたた》め、オスは巣《す》のそばでみはりをすることが多《おお》いようです。

■ ひながかえった卵《たまご》のからをくわえた親鳥《おやどり》。卵《たまご》のからは親鳥《おやどり》がくわえてはこび、巣《す》からはなれた場所《ばしょ》にすてられます（円内《えんない》）。

ひなが生《う》まれた

卵《たまご》を温《あたた》めだしてから2週間《しゅうかん》ほど、卵《たまご》のからをくわえ、親鳥《おやどり》が巣《す》から飛《と》びたちました。卵《たまご》からひながかえったのです。どの卵《たまご》からも、ほとんど同《おな》じ日《ひ》にひながかえります。赤《あか》っぽいひふにわずかな産毛《うぶげ》がはえたひなは、まだ目《め》も開《ひら》いていません。かすかな鳴《な》き声《ごえ》をあげながら、巣《す》の中《なか》で身《み》をよせあっています。

目《め》が開《ひら》き、羽毛《うもう》がはえはじめるには、まだ1週間《しゅうかん》ほどかかります。そのあいだ、親鳥《おやどり》がひなを温《あたた》めないと、ひなは寒《さむ》さで死《し》んでしまいます。でも、生《う》まれるとすぐにえさをたべはじめるので、同時《どうじ》にえさもあつめなければならず、親鳥《おやどり》は大《おお》いそがしです。交代《こうたい》でひなを温《あたた》めたり、えさをあつめたりします。

△卵《たまご》からかえったばかりのひな。まだ目《め》が開《ひら》いておらず、羽毛《うもう》もはえていないひなは、自分《じぶん》で歩《ある》きまわることはできません。

△卵《たまご》からかえって１週間目《しゅうかんめ》のひな。このころになってようやく目《め》が開《ひら》き、だんだん黒《くろ》っぽい羽毛《うもう》がのびてきます。

■えさをくわえた親鳥《おやどり》がもどってくると、ひなたちは大《おお》きく口《くち》を開《あ》けて鳴《な》き、えさをねだります。親鳥《おやどり》は、いちばん元気《げんき》よく口《くち》を開《あ》けたひなに、はこんできたえさをあたえます。この方法《ほうほう》で、いちばん腹《はら》をすかしているひなに、えさがあたえられます。

えさをはこぶ親鳥《おやどり》

ひなの目《め》が開《ひら》くと、親《おや》はひなを温《あたた》めるのをやめ、2羽《わ》でえさをあつめるようになります。ひなの食欲《しょくよく》は成長《せいちょう》にしたがってましていくので、えさ集《あつ》めがたいへんです。巣立《すだ》ち前《まえ》には、1日《にち》に親鳥《おやどり》2羽《わ》で、500回以上《かいいじょう》もえさをはこびます。

ひなたちのえさは、飛《と》んでいる昆虫《こんちゅう》です。はじめのうちはユスリカやカ、アブなどの小《ちい》さな昆虫《こんちゅう》があたえられますが、大《おお》きくなってくると、カゲロウやトンボ、チョウなど、大型《おおがた》の昆虫《こんちゅう》もあたえられるようになります。

えさをたべたひなは、ふんもたくさんします。巣《す》がふんだらけにならないよう、えさ集《あつ》めのあいまに、親鳥《おやどり》はひなのふんの始末《しまつ》もしなければなりません。

△ひなにえさのトンボをあたえる親鳥《おやどり》。大《おお》きく開《ひら》いた口《くち》にくちばしをつっこむようにしてあたえます。

△大《おお》きくなってくると、ひなは自分《じぶん》で巣《す》からおしりをだし、巣《す》の外《そと》にふんを落《お》とすようになります。

◁ひなが小《ちい》さいうちは、親鳥《おやどり》はひなのおしりから、くちばしでふんを引《ひ》っぱりだして、巣《す》の外《そと》にすてます。

■ 道路《どうろ》のはしで死《し》んでいたツバメ。交通量《こうつうりょう》の多《おお》い場所《ばしょ》では、飛《と》んでいるときにあやまって自動車《じどうしゃ》にぶつかり、命《いのち》を落《お》とすツバメもみられます。

きけんがいっぱい

ひなが育《そだ》ってくると、親鳥《おやどり》はえさ集《あつ》めがいそがしくなり、長《なが》い時間《じかん》ではないにしろ、巣《す》をるすにすることが多《おお》くなります。その短《みじか》い時間《じかん》をねらって、まだ飛《と》ぶことができないひなたちをおそいに、敵《てき》がやってきます。

巣《す》をのっとろうとするスズメは、巣《す》から卵《たまご》を落《お》としてしまうことが多《おお》いですが、ときにはひなまで巣《す》から落《お》としてしまうこともあります。また、あやまってひなが巣《す》から落《お》ちることもあります。巣《す》から落《お》ちたひなは、もどってきた親《おや》が気《き》づいても、すくうことができません。また、カラスやヘビ、ネコに巣《す》がおそわれ、巣《す》がこわされたり、ひながたべられてしまうこともあります。

△スズメかカラスにおそわれたのでしょうか？こわされて地面《じめん》に落《お》ちた巣《す》と、落《お》ちてわれた卵《たまご》がありました。

△ツバメと同《おな》じように、民家《みんか》のまわりに巣《す》をつくるスズメ。ツバメの巣《す》を乗《の》っ取《と》ることが多《おお》い鳥《とり》です。

△ハシブトガラスやハシボソガラスは、のき下《した》などの野外《やがい》につくった巣《す》をよくおそいます。

△アオダイショウ（写真《しゃしん》のヘビ）やシマヘビなどは、物置《ものおき》など屋内《おくない》の高《たか》い場所《ばしょ》まではいのぼって、巣《す》にいる卵《たまご》やひな、親鳥《おやどり》までおそいます。

◁野良《のら》ネコは、足場《あしば》などがある場所《ばしょ》ならば、高《たか》い場所《ばしょ》にある巣《す》もおそい、ひなや卵《たまご》をたべてしまいます。

羽毛《うもう》がはえそろったひな。卵《たまご》からかえって18日目《にちめ》くらいに、羽毛《うもう》がはえそろいます。親《おや》と同《おな》じようなすがたになり、飛《と》ぶための準備《じゅんび》をはじめます。

大《おお》きく育《そだ》ったひな

卵《たまご》からかえって3週間《しゅうかん》ほどたつと、ひなたちはすっかり大《おお》きく育《そだ》っています。羽毛《うもう》もはえそろい、親鳥《おやどり》と同《おな》じようなすがたになりました。数日前《すうじつまえ》から、親鳥《おやどり》がえさをはこんでくるのを待《ま》つあいだ、巣《す》のはしに内側《うちがわ》向《む》きにとまり、さかんにはねを動《うご》かしはじめました。はじめは数秒《すうびょう》羽《は》ばたくだけですが、日《ひ》ごとに長《なが》く羽《は》ばたくようになり、回数《かいすう》もふえていきます。

すると、いきなり親鳥《おやどり》がえさをはこんでこなくなります。ひなたちは腹《はら》をすかせ、必死《ひっし》にえさをねだりますが、親鳥《おやどり》は知《し》らん顔《かお》。やっとえさをもってきても、巣《す》の近《ちか》くを飛《と》びながら、えさをみせるだけです。こうやって、腹《はら》をすかせたひなを、巣《す》の外《そと》にさそうのです。

■ 巣《す》のふちにつかまって羽《は》ばたき、飛《と》ぶ練習《れんしゅう》をしているひなを、同《おな》じ巣《す》のひながみています。

巣立《すだ》っていくひな

巣《す》から飛《と》びたったひなは、近《ちか》くの電線《でんせん》などにとまって体《からだ》を休《やす》めます。そして、ほかの兄弟《きょうだい》がやってくるのを待《ま》ちます。すべてのひなが巣立《すだ》つと、親鳥《おやどり》は近《ちか》くの安全《あんぜん》な場所《ばしょ》へと、ひなたちを連《つ》れていきます。

しかし、まだじょうずに飛《と》ぶことができず、えさもとれません。ひなたちは、何日《なんにち》かは電線《でんせん》にかたまってとまり、親《おや》がえさをはこんできてくれるのを待《ま》っています。親鳥《おやどり》をまつあいだ、ひなたちは、つばさを動《うご》かして飛《と》ぶ練習《れんしゅう》をしたり、くちばしで体《からだ》の羽毛《うもう》をととのえたりします。親鳥《おやどり》がえさをはこんでくると、ひなたちは電線《でんせん》の上《うえ》で口《くち》を開《あ》け、えさをねだります。このとき、親鳥《おやどり》は電線《でんせん》にはとまらず、飛《と》びながらひなにえさをあたえることが多《おお》いようです。

こうして1週間《しゅうかん》ほど、兄弟《きょうだい》とともにすごすうちに、じょうずに飛《と》んで、自分《じぶん》でえさをとれるようになります。そののち、ひなは親鳥《おやどり》とわかれてくらし、親鳥《おやどり》のなかには2回目《かいめ》の子育《こそだ》てをはじめるつがいもいます。

■巣立《すだ》ちしたひなにえさをはこんできた親鳥《おやどり》。ひなたちは、電線《でんせん》や屋根《やね》のひさしなどにとまって、親鳥《おやどり》がえさをはこんできてくれるのを待《ま》ちます。

■電線《でんせん》の上《うえ》で体《からだ》の羽毛《うもう》をととのえているひな。ひなの尾羽《おばね》はまだとても短《みじか》く、飛《と》ぶ力《ちから》もあまり強《つよ》くありません。じょうずに飛《と》ぶには、もう少《すこ》し練習《れんしゅう》が必要《ひつよう》です。

△飛《と》ぶ練習《れんしゅう》をしているときに、バランスをくずして地面《じめん》に落《お》ちるひなもいます。

△まだじょうずに飛《と》ぶことができないので、思《おも》わぬ場所《ばしょ》にとまってしまうこともあります。

■ イネが育《そだ》った田《た》んぼの上《うえ》を飛《と》ぶ若鳥《わかどり》。親鳥《おやどり》にくらべると、尾羽《おばね》がとても短《みじか》いので、よくみれば若鳥《わかどり》であることがわかります。

尾羽《おばね》が短《みじか》い若鳥《わかどり》

巣立《すだ》ちをし、親《おや》からはなれたひなたちは、昼間《ひるま》は兄弟《きょうだい》たちといっしょに飛《と》びまわり、えさをつかまえてたべ、若鳥《わかどり》へと成長《せいちょう》します。巣立《すだ》っても、数週間《すうしゅうかん》のあいだは夕方《ゆうがた》に生《う》まれた巣《す》にもどってくるものもいますが、日《ひ》がたつにつれて巣《す》にもどることは少《すく》なくなっていきます。

若鳥《わかどり》たちは、昼間《ひるま》は１羽《わ》から数羽《すうわ》で飛《と》びまわっています。夕方《ゆうがた》になると、建物《たてもの》の屋根《やね》、街路樹《がいろじゅ》などにあつまってきて、別《べつ》の巣《す》で生《う》まれた若鳥《わかどり》たちとまざって、そこで朝《あさ》まで休《やす》みます。このような場所《ばしょ》をねぐらといいます。ねぐらは、はじめのうちは巣《す》があった市街地《しがいち》などにありますが、だんだんえさが多《おお》い水辺近《みずべちか》くのアシ原《はら》などにうつります。そして、ねぐらにあつまる若鳥《わかどり》の数《かず》もふえていきます。

△川岸《かわぎし》のねぐらで羽《はね》を休《やす》めている若鳥《わかどり》。たくさんのツバメたちが同《おな》じ場所《ばしょ》で休《やす》みますが、たがいにくっつきあわないように少《すこ》しずつあいだをとっています。

梅雨《つゆ》の晴《は》れ間《ま》に飛《と》びまわるツバメ。つばさを広《ひろ》げたまま、上昇気流《じょうしょうきりゅう》に乗《の》って、羽《は》ばたかずに飛《と》ぶこともできます。

飛《と》びまわるツバメたち

梅雨《つゆ》がはじまるころ、最初《さいしょ》に巣立《すだ》った若鳥《わかどり》や子育《こそだ》てをしている親鳥《おやどり》たちは、昼《ひる》間《ま》さかんに飛《と》びまわって、えさをつかまえています。

ツバメは、飛《と》ぶことがとてもじょうずな鳥《とり》です。体《からだ》の大《おお》きさが同《おな》じくらいのスズメにくらべ、体重《たいじゅう》は３分《ぶん》の２ほどで、とても身軽《みがる》です。ふだんは時速《じそく》50キロメートルほどで飛《と》んでいますが、最高時《さいこうじ》速《そく》200キロメートルもの速《はや》さで飛《と》ぶことができます。

また、長《なが》いつばさを広《ひろ》げて風《かぜ》に乗《の》ったり、尾羽《おばね》を使《つか》って小回《こまわ》りや急降下《きゅうこうか》をしたり、急《きゅう》にスピードを落《お》としたりします。さらに、羽《は》ばたきながら、空中《くうちゅう》で止《と》まっていることもできます。

ツバメは体《からだ》の大《おお》きさにくらべて、先《さき》が細《ほそ》くなった大《おお》きなつばさをもっています。体重《たいじゅう》も軽《かる》く、高速《こうそく》で飛《と》ぶことができます。ふだんは時速《じそく》50km ほどですが、飛《と》んでいる虫《むし》をとらえたり、敵《てき》をこうげきしたりにげるときは、時速《じそく》200km のスピードで飛《と》ぶことができます。また、長《なが》い尾羽《おばね》を使《つか》って、急《きゅう》な減速《げんそく》や旋回《せんかい》をすることもできます。

尾羽《おばね》を大《おお》きく広《ひろ》げて、スピードを落《お》とし、急旋回《きゅうせんかい》しています。

つばさを力強《ちからづよ》く打《う》ちおろし、スピードを上《あ》げます。

打《う》ちおろしたつばさをすばやくふり上《あ》げて、また打《う》ちおろします。

夏《なつ》のツバメたち

梅雨《つゆ》がおわって夏《なつ》になると、親鳥《おやどり》たちの2回《かい》めの子育《こそだ》てもそろそろおわりです。ツバメたちはみな巣《す》がある場所《ばしょ》からはなれ、水辺《みずべ》の近《ちか》くにあつまってきます。水辺《みずべ》にはえさになる昆虫《こんちゅう》が多《おお》く、ねぐらになる広《ひろ》いアシ原《はら》などがあるからです。

水辺《みずべ》では、飛《と》びながらえさをくわえとるだけでなく、飛《と》びながら水《みず》をのんだり、水《みず》あびをしたりもします。ほかにも、電線《でんせん》などにとまって羽毛《うもう》をととのえるしぐさや、日陰《ひかげ》にとまって休《やす》むすがたなど、さまざまな行動《こうどう》をみることができます。

夕方《ゆうがた》になると、数百羽《すうひゃくわ》のツバメたちがねぐらにする場所《ばしょ》の上《うえ》を飛《と》びかい、日《ひ》がしずむと、いっせいにねぐらに入《はい》っていきます。

△田《た》んぼの水面《すいめん》の近《ちか》くを飛《と》んで、水《みず》をのもうとしています。水面《すいめん》にいる昆虫《こんちゅう》をつかまえることもあります。

△飛《と》びながら体《からだ》を水《みず》につけ、水浴《みずあ》びをしています。ほかの鳥《とり》のように水《みず》たまりにおりて水浴《みずあ》びをすることはありません。

△雨《あめ》の日《ひ》には、電線《でんせん》にとまって雨《あま》やどりするツバメ。大雨《おおあめ》でなければ、雨《あめ》の日《ひ》も飛《と》びまわっています。

△暑《あつ》さには強《つよ》いはずのツバメたちも、真夏《まなつ》の午後《ごご》は強《つよ》い日《ひ》ざしをさけて、日《ひ》かげで休《やす》んでいます。

△くちばしで羽毛《うもう》をととのえているツバメ。寄生虫《きせいちゅう》をとったり、みだれた羽毛《うもう》の重《かさ》なりを直《なお》したりします。

△夕方《ゆうがた》、ねぐらに入《はい》るためにあつまってきたツバメたち。日《ひ》がしずんで30分《ぷん》ほどで、いっせいにアシ原《はら》におります。ねぐらの場所《ばしょ》は、毎日少《まいにちすこ》しずつ移動《いどう》するようです。

△暑《あつ》い日《ひ》には、つばさを半開《はんびら》きにしてとまり、口《くち》をあけて、体《からだ》の熱《ねつ》をにがしています。

△頭《あたま》など、くちばしがとどかない場所《ばしょ》は、あしを使《つか》ってかきます。

秋《あき》のツバメ

夏《なつ》がおわりに近《ちか》づき、朝夕《あさゆう》のすずしさがましてくると、ツバメたちのむれはだんだん大《おお》きくなっていきます。昼間《ひるま》にも、電線《でんせん》などにたくさんのツバメがあつまってとまっているのがみられるようになってきます。夕方《ゆうがた》にねぐらに入《はい》るときには、数千《すうせん》から数万羽《すうまんば》もの大群《たいぐん》になります。

そして、ある日《ひ》の夜明《よあ》け前《まえ》、ツバメたちはねぐらから飛《と》びたち、南《みなみ》へとむかって飛《と》んでいきます。渡《わた》りのはじまりです。春《はる》にわたってきたときとはぎゃくに、気《き》温《おん》が低《ひく》い北《きた》の地域《ちいき》からはじまり、だんだん南《みなみ》の地域《ちいき》にうつっていきます。小鳥《ことり》は夜《よる》に渡《わた》りをするものが多《おお》いのですが、ツバメはえさをたべたりしながら、昼間《ひるま》に渡《わた》りをします。

▲渡《わた》りの前《まえ》にアシ原《はら》のねぐらにあつまってきたツバメ。アシ原以外《はらいがい》に、トウモロコシ畑《ばたけ》や街路樹《がいろじゅ》をねぐらにすることもあります。

■秋《あき》、アシ原《はら》のちかくの電線《でんせん》にとまっているツバメのむれ。

■ 10月《がつ》、渡《わた》りのとちゅう、沖縄《おきなわ》の西表島《いりおもてじま》で、クサトベラの枝《えだ》にとまって休息《きゅうそく》しているツバメ。

南《みなみ》の国《くに》へ

南《みなみ》へむかうツバメたちは、数十羽《すうじっぱ》ほどの集団《しゅうだん》になって、本州《ほんしゅう》や四国《しこく》の海《うみ》ぞいから、九州《きゅうしゅう》、南西諸島《なんせいしょとう》を通《とお》って南《みなみ》へむかっていきます。9月《がつ》のなかばから10月《がつ》なかばにかけて、沖縄《おきなわ》の島々《しまじま》では、あちこちで大《おお》きなむれがみられます。島《しま》づたいに北《きた》から長《なが》い旅《たび》をしてきたツバメたちが、台湾《たいわん》やフィリピンへと、海《うみ》の上《うえ》を長《なが》い距《きょ》離《り》渡《わた》る前《まえ》に休息《きゅうそく》するためでしょうか。

元気《げんき》を回復《かいふく》したツバメたちは、暖《あたた》かな南《みなみ》の国《くに》をめざし、飛《と》びたっていきます。南《みなみ》の国《くに》で冬《ふゆ》をこし、春《はる》になるとまた元気《げんき》なすがたをみせてくれるはずです。

△九州《きゅうしゅう》の諫早湾《いさはやわん》に渡《わた》ってきたツバメのむれ。海岸《かいがん》の木《き》をねぐらにして休《やす》もうとしています。

商店《しょうてん》の入口《いりぐち》につくられた巣《す》。大《おお》きく育《そだ》ったひなが、親鳥《おやどり》がえさをはこんでくるのを待《ま》っています。

ツバメの巣《す》をみつけよう

ツバメは、人間《にんげん》がくらしている場所《ばしょ》に巣《す》をつくります。雨《あめ》があたらず、自《じ》由《ゆう》に出《で》入《い》りできるのき下《した》や納屋《なや》、駅《えき》やガレージ、橋《はし》の下《した》などに巣《す》をつくりますが、最近《さいきん》は適《てき》した場所《ばしょ》が少《すく》なくなったためか、いろいろな場所《ばしょ》につくられた巣《す》をみることができます。

家《いえ》のまわりをみてまわり、ツバメの巣《す》をさがしてみましょう。巣《す》の材料《ざいりょう》やえさをはこぶ親《おや》を追《お》いかけてみたり、下《した》にふんが落《お》ちている場所《ばしょ》なども、手《て》がかりになります。

みつけたら、毎年《まいとし》そこに巣《す》をつくるので、ノートや地図《ちず》にメモしておきましょう。巣《す》がある場所《ばしょ》で、ツバメの子《こ》育《そだ》てのようすを観察《かんさつ》してみましょう。

△ガソリンスタンドの屋根《やね》の近《ちか》くにつくられたツバメの巣《す》。

△コンビニエンスストアーの警告灯《けいこくとう》の上《うえ》につくられたツバメの巣《す》。親鳥《おやどり》がえさをはこんできました。

△商店《しょうてん》のスピーカーの上《うえ》につくられた巣《す》。

△牛舎《きゅうしゃ》の中《なか》につくられた巣《す》。昼間《ひるま》に入口《いりぐち》が開《あ》いている建物《たてもの》の中《なか》にもつくります。

◁△高速道路《こうそくどうろ》のサービスエリアの柱《はしら》につくられた巣《す》。人通《ひとどお》りが多《おお》い場所《ばしょ》でも、あまり気《き》にしません。

みてみよう TSUBAME やってみよう

ツバメはいつごろやってくる?

　日本《にほん》には、毎年春《まいとしはる》に50万羽《まんば》ものツバメが渡《わた》ってくるといわれています。ツバメが渡《わた》ってくる時期《じき》は、年《とし》や地域《ちいき》によってちがいます。ツバメが日本《にほん》にやってくるのは、関東地方《かんとうちほう》より南《みなみ》では1日《にち》の最低気温《さいていきおん》が10℃以上《どいじょう》になるころで、関東地方《かんとうちほう》より北《きた》では最低気温《さいていきおん》が5～8℃以上《どいじょう》になるころといわれています。

　これにあわせて考《かんが》えると、九州南部《きゅうしゅうなんぶ》で3月中《がつなか》ごろ、関東地方《かんとうちほう》では4月《がつ》のはじめころ、東北地方《とうほくちほう》で4月《がつ》のおわり、北海道北部《ほっかいどうほくぶ》で4月《がつ》のおわりから5月《がつ》ごろになります。

△春《はる》、すがたをみせたツバメが家《いえ》のまわりを飛《と》びまわります。

5月《がつ》10日《とおか》
4月《がつ》30日《にち》
5月《がつ》10日《とおか》
4月《がつ》30日《にち》
4月《がつ》20日《はつか》
4月《がつ》20日《はつか》
4月《がつ》10日《とおか》
4月《がつ》10日《とおか》
4月《がつ》5日《いつか》
4月《がつ》5日《いつか》
3月《がつ》31日《にち》
3月《がつ》25日《にち》
3月《がつ》31日《にち》
3月《がつ》20日《はつか》
3月《がつ》25日《にち》
3月《がつ》15日《にち》
3月《がつ》20日《はつか》
3月《がつ》15日《にち》

ツバメをその年《とし》にはじめてみた日《ひ》
百瀬成夫《ももせなるお》（1998）を参考《さんこう》に作図《さくず》

家《いえ》のまわりなどに、ツバメがやってきます。

オスとメスがつがいになり、巣《す》をつくりはじめます。

できあがった巣《す》で卵《たまご》を産《う》んで、卵《たまご》を温《あたた》めます。

暖《あたた》かくなると、冬《ふゆ》をこした南《みなみ》の国《くに》から、日本《にほん》に渡《わた》ってきます。

ツバメの1年《ねん》
4月《がつ》
5
6
7
8
9
10
11
12
1
2
3

親鳥《おやどり》が卵《たまご》からかえったひなたちのせわをします。

暖《あたた》かな南《みなみ》の国《くに》で、えさをたべて冬《ふゆ》をこします。

巣立《すだ》ちしたひなが、家《いえ》のまわりなどでくらしはじめます。

夏《なつ》にくらしていた場所《ばしょ》をはなれ、南《みなみ》の国《くに》に渡《わた》っていきます。

アシ原《はら》やトウモロコシ畑《ばたけ》のまわりにあつまってきます。

巣立《すだ》ちがおわった巣《す》で、2回《かい》めの子《こ》育《そだ》てをはじめる親鳥《おやどり》もいます。

ツバメの体《からだ》

ツバメは、体《からだ》の大《おお》きさがスズメと同《おな》じくらいの大《おお》きさの鳥《とり》です。つばさと尾羽《おばね》が長《なが》いので、スズメよりは大《おお》きくみえます。飛《と》んでいるときは、速《はや》くてよくわかりませんが、電線《でんせん》や屋根《やね》のひさしにとまっているとき、巣《す》にいるときなどは、近《ちか》くから観察《かんさつ》できます。写真《しゃしん》やムービーを撮影《さつえい》したり、双《そう》眼鏡《がんきょう》を使《つか》って観察《かんさつ》してみましょう。

巣《す》の近《ちか》くで撮影《さつえい》したり観察《かんさつ》していると、ツバメが警《けい》かいして近《ちか》づいてこない場合《ばあい》もあります。そういう場合《ばあい》は、物《もの》かげにかくれたり、少《すこ》しはなれて観察《かんさつ》するようにしましょう。

目《め》
高速《こうそく》で飛《と》びまわりながら、小《ち》さな昆虫《こんちゅう》をみつけることができます。
くちばし
短《みじか》いですが、大《おお》きく開《ひら》き、飛《と》んでいる昆虫《こんちゅう》をくわえとりやすくなっています。
のどの色《いろ》
おとなののどの色《いろ》は赤茶色《あかちゃいろ》で、メスよりもオスの方《ほう》が色《いろ》がこくなります。

△上《うえ》のくちばしのふち（矢印《やじるし》のあたり）に、左右《さゆう》5本《ほん》ほどの口《くち》ひげがあります。飛《と》んでいる昆虫《こんちゅう》をとらえるとき、虫取《むしと》りあみのようなやくわりをはたします。

つばさ

じょうぶで長《なが》いつばさで羽《は》ばたいて、時速《じそく》50km 以上《いじょう》のスピードで飛《と》ぶことができます。

尾羽《おばね》

12まいあり、オスはおとなになると両《りょう》はしの２まいが長《なが》くのびます。

あし

弱《よわ》よわしく、地面《じめん》を歩《ある》くのは、にがてです。あしの指《ゆび》は前向《まえむ》きに３本《ぼん》、後《うし》ろ向《む》きに１本《ぼん》です。

△親鳥《おやどり》（左《ひだり》）ののどは赤茶色《あかちゃいろ》ですが、巣立《すだ》ったばかりのひな（右《みぎ》）ののどの色《いろ》は、うす茶色《ちゃいろ》です。

△巣《す》の材料《ざいりょう》をあつめるときには地面《じめん》にもおりますが、あまり歩《ある》きまわったりはしません。

△あしの指《ゆび》は、前向《まえむ》きに３本《ぼん》、うしろ向《む》きに１本《ぼん》あります。指《ゆび》の力《ちから》があまり強《つよ》くないので、電線《でんせん》くらいの太《ふと》さのものがとまりやすいようです。

かがやくいのち図鑑《ずかん》

ツバメのなかま

日本《にほん》には、ツバメのなかまが５種類《しゅるい》います。多《おお》くは日本《にほん》で子育《こそだ》てする夏鳥《なつどり》ですが、一部《いちぶ》の地域《ちいき》では冬《ふゆ》をこしている種類《しゅるい》もいます。

ツバメ　全長《ぜんちょう》17㎝くらい

奄美大島《あまみおおしま》より北《きた》の日本各地《にほんかくち》で繁殖《はんしょく》する夏鳥《なつどり》です。沖縄《おきなわ》など南西諸島《なんせいしょとう》の島《しま》では、春《はる》と秋《あき》の渡《わた》りの時期《じき》だけにみられる旅鳥《たびどり》です。人間《にんげん》のすんでいる場所《ばしょ》やその近《ちか》くに巣《す》をつくります。春《はる》から夏《なつ》にかけ、１～２回《かい》、子育《こそだ》てをします。

日本《にほん》には、これとは別《べつ》に、中国東北部《ちゅうごくとうほくぶ》やシベリアで繁殖《はんしょく》し、秋《あき》に冬《ふゆ》をこすために渡《わた》ってくる冬鳥《ふゆどり》のツバメがいます。日本《にほん》で繁殖《はんしょく》するツバメと同《おな》じ種類《しゅるい》ですが、アカハラツバメとよばれる亜種《あしゅ》で、茨城県《いばらきけん》や東海地方《とうかいちほう》、四国《しこく》、九州《きゅうしゅう》などで冬《ふゆ》をこします。

コシアカツバメ　全長《ぜんちょう》19㎝くらい

ツバメより１か月《げつ》ほどおそく渡《わた》ってくる夏鳥《なつどり》で、北海道《ほっかいどう》から九州《きゅうしゅう》で繁殖《はんしょく》します。南西諸島《なんせいしょとう》では旅鳥《たびどり》です。腰《こし》の部分《ぶぶん》の羽毛《うもう》がオレンジ色《いろ》で、飛《と》んでいるときによく目立《めだ》ちます。ツバメと同《おな》じような場所《ばしょ》でみられますが、ビルや橋《はし》など、コンクリートの部分《ぶぶん》に巣《す》をつくることが多《おお》いようです。下《した》の写真《しゃしん》のように、半分《はんぶん》に割《わ》ったつぼを横《よこ》にして天井《てんじょう》につけたような巣《す》を、どろとかれ草《くさ》などでつくります。

イワツバメ　全長《ぜんちょう》15㎝くらい

ツバメよりひとまわり小《ちい》さく、飛《と》んでいるときに腰《こし》の部分《ぶぶん》の白《しろ》い羽毛《うもう》がめだちます。つばさがやや短《みじか》く、ずんぐりした体型《たいけい》にみえます。夏鳥《なつどり》として九州《きゅうしゅう》より北《きた》で繁殖《はんしょく》しますが、西日本《にしにほん》ではあまりみられません。九州《きゅうしゅう》では冬《ふゆ》をこすものもみられます。南西諸島《なんせいしょとう》では旅鳥《たびどり》です。高《たか》い山《やま》や海辺《うみべ》のがけやどうくつ、ビルや橋《はし》の下《した》などに、集団《しゅうだん》で巣《す》をつくります。巣《す》はツバメよりも深《ふか》さのあるおわん形《がた》で、入口《いりぐち》がせまくなっています。

ショウドウツバメ　全長《ぜんちょう》13㎝くらい

初夏《しょか》に北海道《ほっかいどう》に渡《わた》ってきて繁殖《はんしょく》する夏鳥《なつどり》。本州《ほんしゅう》では春《はる》と秋《あき》の渡《わた》りのとちゅうでみられる旅鳥《たびどり》。海岸《かいがん》、川《かわ》や湖《みずうみ》の岸《きし》のがけなどにあつまり、小《ちい》さなあなをほって巣《す》にします。巣《す》のあなの深《ふか》さは１ｍほどあります。

リュウキュウツバメ　全長《ぜんちょう》13㎝くらい

奄美大島《あまみおおしま》から沖縄《おきなわ》で一年中《いちねんじゅう》みられる留鳥《りゅうちょう》で、ツバメによくにていますが、体《からだ》は小《ちい》さく、腹《はら》の部分《ぶぶん》の羽毛《うもう》にうす茶色《ちゃいろ》のうろこ模様《もよう》がまじります。がけやどうくつ、のき下《した》や橋《はし》の下《した》などに、ツバメよりもあさい皿《さら》のような巣《す》をつくります。

ツバメではないアマツバメ

日本《にほん》には、ツバメと同《おな》じように飛《と》んでいる昆虫《こんちゅう》をたべるアマツバメやヒメアマツバメという鳥《とり》がいます。名前《なまえ》にツバメとついていますが、ツバメとは別《べつ》のグループの鳥《とり》です。

◀アマツバメ。夏鳥《なつどり》として日本全国《にほんぜんこく》にやってきて、山《やま》や海岸《かいがん》のがけに巣《す》をつくります。20㎝ほど。

さくいん

この本《ほん》で使《つか》っていることばの意味《いみ》

羽毛《うもう》　鳥《とり》の体《からだ》の表面《ひょうめん》をおおっている器官《きかん》で、羽根《はね》ともいいます。体《からだ》の近《ちか》くは細《ほそ》くて軽《かる》い綿羽《めんう》（ダウン）がはえていて、その上《うえ》をじょうぶな軸《じく》をもつ正羽《せいう》（いわゆる羽根《はね》）がおおっています。ツバメのひなは、生《う》まれたときには綿羽《めんう》がわずかにはえているだけで、赤《あか》っぽい皮膚《ひふ》がほとんどむきだしになっています。親鳥《おやどり》に温《あたた》められて育《そだ》つあいだに綿羽《めんう》がはえそろい、そのあとに正羽《せいう》がはえてきます。

さえずり　繁殖期《はんしょくき》に鳥《とり》のオスがだす、ふだんの鳴《な》き声《ごえ》よりも比較的高《ひかくてきたか》い音《おと》で長《なが》めの鳴《な》き声《ごえ》。繁殖相手《はんしょくあいて》となるメスの気《き》をひいたり、自分《じぶん》のなわばりを守《まも》るためなどに使《つか》われます。さえずり以外《いがい》の鳴《な》き声《ごえ》は、「地鳴《じな》き」とよばれます。

全長《ぜんちょう》　生《い》き物《もの》の大《おお》きさを表《あらわ》すときの方法《ほうほう》のひとつ。鳥《とり》では背《せ》中《なか》を下《した》にした状態《じょうたい》で体《からだ》をのばし、くちばしの先《さき》から尾羽《おばね》の先《さき》までを直線的《ちょくせんてき》にはかった長《なが》さをいいます。

旅鳥《たびどり》　日本《にほん》よりも北《きた》の地域《ちいき》で繁殖《はんしょく》し、日本《にほん》よりも南《みなみ》の地域《ちいき》で冬《ふゆ》をこす渡《わた》り鳥《どり》で、渡《わた》りのとちゅうで日本《にほん》に立《た》ち寄《よ》って休息《きゅうそく》するものです。春《はる》と秋《あき》の２回《かい》みられるものと、春《はる》か秋《あき》のどちらかに多《おお》くみられるものがいます。日本《にほん》ではシギやチドリのなかまが代表的《だいひょうてき》です。

夏鳥《なつどり》　春《はる》から初夏《しょか》に日本《にほん》にやってきて繁殖《はんしょく》し、秋《あき》になると日《に》本《ほん》よりも南《みなみ》の地域《ちいき》へ移動《いどう》して冬《ふゆ》をこす渡《わた》り鳥《どり》です。ツバメをはじめ、さまざまな小鳥《ことり》やフクロウやワシのなかま、アマサギなどのサギのなかまなどがいます。

ねぐら　昼間《ひるま》に活動《かつどう》する鳥《とり》が夜《よる》に休息《きゅうそく》する場所《ばしょ》。１羽《わ》から数《すう》羽《わ》で休息《きゅうそく》する場合《ばあい》と、たくさんのなかまがあつまって休息《きゅうそく》する場合《ばあい》があります。いつもほとんどきまった場所《ばしょ》をねぐらにするものと、ねぐらにする場所《ばしょ》がさだまっていないものがいます。

繁殖《はんしょく》　生《い》き物《もの》の数《かず》がふえること。ツバメでは、オスとメスが交尾《こうび》をして受精卵《じゅせいらん》ができ、そこから子《こ》がふ化《か》して育《そだ》ちます。繁殖《はんしょく》をするために、オスはメスをさそってつがいになり、つがいで巣《す》をつくったり、子育《こそだ》てをしたりします。

冬鳥《ふゆどり》　秋《あき》から冬《ふゆ》に日本《にほん》にやってきて冬《ふゆ》をこし、春《はる》になると日《に》本《ほん》よりも北《きた》の地域《ちいき》へ移動《いどう》して子育《こそだ》てをする渡《わた》り鳥《どり》です。カモやガンのなかまをはじめ、ジョウビタキやツグミなどの小鳥《ことり》、カモメのなかま、ツルのなかまなどがいます。

留鳥《りゅうちょう》　一年中《いちねんじゅう》、日本《にほん》でみられる鳥《とり》で、日本《にほん》で繁殖《はんしょく》して子育《こそだ》てをし、冬《ふゆ》をこします。ほぼ同《おな》じ場所《ばしょ》から移動《いどう》しないものもいますが、季節《きせつ》によって北《きた》や南《みなみ》、あるいは高地《こうち》と低地《ていち》など、短《みじか》い移動《いどう》をするものもいます。日本《にほん》の中《なか》でこのような短《みじか》い移動《いどう》をするものを、特《とく》に漂鳥《ひょうちょう》とよぶこともあります。

NDC 488

亀田龍吉

科学のアルバム・かがやくいのち 12

ツバメ

春にくる渡り鳥

あかね書房 2021

64P 29cm × 22cm

■監修　西海 功

■写真　亀田龍吉

■文　大木邦彦（企画室トリトン）

■編集協力　企画室トリトン（大木邦彦・堤 雅子）

■写真協力　（株）アマナイメージズ

p9　増田戻樹

p11左下　本若博次

p20　ARIEL S. ESTELA

p32 円内　Minden pictures

p32 下　増田戻樹

p34 上　増田戻樹

p35 上・下　増田戻樹

p39 左下　飯村茂樹

p52　横塚眞己人

p53 右　津田堅之介

p60 左下　石江 馨

p60 右下　山形則男

p61 上左　松木鴻諮

p61 左中　石江 進

p61 右中　和田剛一

p61 左下　横塚眞己人

p61 右下　山形則男

■イラスト　小堀文彦

■デザイン　イシクラ事務所（石倉昌樹・隈部瑠依）

■撮影協力　セブンイレブン木更津請西平川店，渡辺健一朗

■協力　白岩 等

■参考文献

・廉隅楼雄，松良俊明（1994），京都市南部におけるツバメの営巣と集団ねぐらの観察，京都教育大学環境教育研究年報，第2号，73-81.

・増田晃，松本健治，松崎千代子（1973），ツバメの繁殖行動の生理学的研究Ⅰ. 産卵期・抱卵期の卵温および行動，高知大学学術研究報告，22,（13），201-208.

・『ツバメのくらし百科』（2005），太田眞也，弦書房

・『自然の観察事典12　ツバメ観察事典』（1997），本若博次，偕成社

・『科学のアルバム　ツバメのくらし』（1975），菅原光二，あかね書房

・Barn Swallows - Barn Swallows in the Philippines, http://www.barnswallow.co.za/Barn-Swallows-in-the-Philippines.html

・東アジアオーストラリア地域シギ・チドリ類重要生息地ネットワークホームページ，http://www.chidori.jp/shorebirds/migrate.htm

科学のアルバム・かがやくいのち 12

ツバメ 春にくる渡り鳥

2012年3月初版　2021年11月第3刷

著者　亀田龍吉

発行者　岡本光晴

発行所　株式会社　あかね書房

〒101-0065　東京都千代田区西神田３－２－１

03-3263-0641（営業）　03-3263-0644（編集）

https://www.akaneshobo.co.jp

印刷所　株式会社 精興社

製本所　株式会社 難波製本

ISBN978-4-251-06712-8

定価は裏表紙に表示してあります。

落丁本・乱丁本はおとりかえいたします。